LA MARMOTTE

TYPOGRAPHIE FIRMIN-DIDOT. — MESNIL (EURE).

LA

MARMOTTE

PAR

EUG. GAYOT.

OUVRAGE ORNÉ DE 10 GRAVURES

PARIS

LIBRAIRIE DE FIRMIN-DIDOT ET Cie

IMPRIMEURS DE L'INSTITUT, RUE JACOB, 56

1889

LA MARMOTTE

La marmotte est l'animal des neiges et des glaces; elle fait son séjour de prédilection au sommet des plus hautes montagnes. On ne la voit pas, en effet, descendre librement, d'elle-même des hauteurs.

La nôtre, la seule que nous connaissions plus ou moins, paraît être particulièrement attachée à la chaîne des Alpes. Pline l'a désignée sous le nom de *Mus alpinus*, rat des Alpes; mais elle n'est étrangère ni aux Apennins, ni aux Pyrénées, ni même aux montagnes les plus hautes de l'Allemagne. On en trouve en Pologne, au Kamschatka; il y en a en Amérique, au Canada.

Elle se creuse une habitation confortable aux expositions du midi et du levant, de préférence à toute autre.

La marmotte a de nombreux points de ressemblance avec plusieurs animaux. Pour la grosseur, c'est le lièvre qu'elle rappelle, mais avec moins de longueur du corps et d'élévation des jambes : elle est plus ramassée et plus trapue. D'après Buffon, « elle tient un peu de l'ours et du rat pour la forme du corps. Elle a le nez, les lèvres, et la forme de la tête comme le lièvre; le poil et les ongles du blaireau, les dents du castor, la moustache du chat, les yeux du loir, les pieds de l'ours, la queue courte et les oreilles tronquées. » Je n'aime pas beaucoup les portraits dessinés de cette sorte; m'est avis qu'ils n'ont qu'une ressemblance de convention, et ils ne me satisfont pas beaucoup. Cependant, comment refaire un portrait quand celui-ci est l'œuvre d'un maître? N'y touchons pas, de crainte de réussir encore moins, et complétons le tableau.

Chez la marmotte, le manteau est assez constant dans son uniformité, comme chez tous les animaux qui n'ont pas quitté

Fig. 1. — Marmotte.

l'état de nature, que n'ont pas modifiés les diverses influences d'une domesticité plus ou moins honorable et soigneuse. Sur le dos et les parties supérieures du corps, le poil est d'un roux brun, de nuance plus ou moins foncée et assez rude au toucher; sous le ventre et les régions inférieures, la couleur est roussâtre, le toucher est doux et la fourrure est épaisse.

On compare sa voix, dans l'état de bonne humeur, quand elle joue ou qu'on la caresse, à la voix d'un petit chien en gaieté ou à son murmure de contentement. C'est, au contraire, le ron-ron du chat qu'elle imite lorsqu'elle boit à satiété du lait, sa liqueur favorite. On dit alors qu'elle *marmotte*; mais si on l'irrite ou si on l'effraye, elle fait entendre un sifflet si perçant et si aigu, qu'il blesse le tympan.

Tous les animaux ont des intonations différentes : celui dont je m'occupe en ce moment ne fait point exception; loin de là, il semble avoir quelque chose de plus, et l'on pourrait croire que, s'il vivait habituellement en la société de l'homme, il finirait par parler une langue plus perfectionnée, ce qui a été jusqu'ici le privilège exclusif du chien.

C'est une chose étrange qu'un animal si éloigné de l'état de civilisation par ses mœurs, ou plutôt par son habitat, vive sans souffrir et s'acclimate facilement à des latitudes moyennes.

Prise jeune en effet, la marmotte s'apprivoise presque autant que nos animaux domestiques. On s'y est sûrement plus essayé dans le passé qu'on ne le fait aujourd'hui, et toujours avec le même résultat. A notre époque, on se montre moins curieux et moins empressé aux excentricités. Quoi qu'il en soit, on apprenait sans beaucoup de peine, et l'on apprendrait de même aujourd'hui aux marmottes à saisir un bâton, à gesticuler à la façon d'un grotesque agile, à danser avec moins de grâce qu'à l'Opéra, mais à obéir en tout, sans trop se faire prier, à la volonté du maître.

En l'état d'apprivoisement, qui est presque la domesticité complète, la soumission absolue, elle est, autant que le chat, en rapports assez peu sympathiques pour le chien. Lorsqu'elle est en pleine confiance, quand, familiarisée avec le maître et les divers habitants du logis où elle peut se croire aussi chez elle, elle ne se gêne guère pour attaquer ouvertement et mordre les chiens les plus redoutables. Elle ose moins, elle est commensal plus timide, tant qu'elle ne se croit pas bien appuyée par son maître.

En cela, beaucoup de chiens lui ressemblent, même parmi les plus forts, les plus hardis et les plus hargneux. Dépaysés ou hors de leur domaine ordinaire, ces derniers se montrent parfois aussi couards qu'ils sont vifs, prompts et entreprenants sur leur propre terrain. Quoi qu'il en soit, ils ont un ennemi sérieux dans la marmotte, car celle-ci a les pinces assez longues et fortes pour blesser cruellement; elle est, en outre, souple et robuste; mais d'humeur facile et sociable, elle ne cherche querelle à aucun autre animal, et ne fait de mal à personne, à moins qu'on la recherche méchamment et qu'on l'irrite.

Cela arrive à d'autres, et même aux plus débonnaires, et ce dicton populaire lui est parfaitement applicable :

Cet animal est bien méchant,
Quand on l'attaque il se défend.

Comme familier de la maison, comme hôte habituel de nos demeures, ce rongeur manque tout à fait d'agréments. Il aiguise ses dents sur les meubles, sur les étoffes, et, si on le renferme, il travaillera si bien, qu'il se fera un libre passage à travers les portes; il exhale enfin, surtout en été, une odeur pénétrante, qui ne saurait plaire à personne. Par contre, il aime la propreté, en ce sens qu'il se met à l'écart, comme le chat, « pour faire ses besoins ».

Sur la nourriture, la marmotte n'est pas difficile : elle mange à peu près tout ce qu'on lui offre. La viande, le pain, les fruits, les racines et les herbes fourragères de toutes sortes, les choux, les hannetons, les sauterelles, bien d'autres substances encore, peuvent alternativement composer son menu. Ce n'est pas qu'elle n'ait aussi des préférences et qu'elle se fasse faute, à l'occasion, de commettre certains péchés de gourmandise. Le lait et le beurre, par exemple, sont particulièrement de son goût. Partout où elle en trouve, elle se régale avec un grand plaisir et une avidité extrême. N'en laissez point à sa portée, elle les déroberait avec presque autant de prestesse que le chat le plus exercé au vol.

Après tout, le lait est la seule liqueur dont elle fasse usage. C'est bien rarement qu'elle boit de l'eau, mais si elle a, autant qu'ivrogne puisse avoir, une sorte d'aversion pour ce liquide, elle refuse, aussi obs-

Fig. 2. — La marmotte marche sur ses pieds de derrière...

tinément que le chien de tremper ses lèvres ou sa langue dans le vin.

Elle a les cuisses très courtes et les doigts des pieds faits à peu près comme ceux de l'ours; aussi se tient-elle souvent assise. Elle marche aisément aussi sur ses pieds de derrière. Sans le couplet bien connu de la chanson savoyarde :

La marmotte a mal aux pieds.
— Faut lui mettre un emplâtre.
— Quel emplâtre lui mettrez?
— Un emplâtre de plâtre.

j'aurais peut-être écrit pattes, mais le moyen de commettre une irrévérence de cette taille, quand le chansonnier a décidé! Je dis donc ses pieds — et j'ajoute qu'elle marche aussi aisément que l'ours, debout sur ceux de derrière. Elle porte gentiment à sa bouche les aliments, qu'elle saisit avec ceux de devant, pour manger dans la position droite, à la manière de l'écureuil.

Les ressemblances, comme on le voit, se

multiplient. En vérité, c'est un étrange animal que la marmotte.

Assez vives et allongées en montant, ses allures sont, au contraire, assez lentes et raccourcies en plaine. Elle grimpe sans trop d'efforts sur les arbres; elle est habile à monter entre deux rochers rapprochés, entre deux murailles voisines, ce qui a fait dire que c'est des marmottes que les Savoyards, leurs émules, ont appris à grimper dans les cheminées.

Ce petit talent de société a donné lieu, pendant la Révolution, à un épisode de sauvetage que l'histoire a conservé.

Un noble, méchamment jeté en prison, attendait dans une haute tour, habitée par des chouettes, l'heure de son transfert au chef-lieu; mais sur le gentilhomme ainsi menacé veillait un ange, sa fille, enfant de treize à quatorze ans, dont la mère était morte. — « J'arracherai mon père à la fureur du peuple, » dit-elle, et elle confia son pieux dessein à un vieux serviteur au dévouement éprouvé.

Il fallait faire vite. L'homme prépara avec intelligence tous les moyens de fuir, et tandis qu'il attendait à quelque distance de la prison, la courageuse enfant, par une effroyable tempête, portait dans ses bras une marmotte apprivoisée, commensal du château dès son premier âge. C'était pour la seconde fois que l'animal allait grimper jusqu'à la chambre du prisonnier. Une première fois, il avait porté une lime, au moyen de laquelle deux barreaux de fenêtre avaient été adroitement limés ; cette fois, il portait l'extrémité d'une longue échelle en corde, au bout de laquelle était la liberté.

L'évasion réussit à souhait, en dépit de tous les obstacles et des périls dont elle était entourée. Le gentilhomme fit sa descente en compagnie de la marmotte et la jeune fille ne s'en sépara plus qu'à sa mort, bientôt arrivée, car la petite bête ne vit pas au delà d'une dizaine d'années.

La marmotte est un hivernant; cela veut dire qu'elle mange pendant l'été de façon à être très grasse en automne, et qu'elle s'engourdit au premier froid pour ne se réveiller, pour ne revenir à la vie active que vers le milieu du printemps. Son sommeil dure, sans interruption, de cinq à six mois. C'est dans sa demeure qu'elle se retire pour passer cette longue période de son existence.

Il en résulte que sa retraite demande à être bien choisie, préparée et meublée avec art. Voyons cela.

D'abord, elle est relativement spacieuse, moins large que longue, et profondément située dans la montagne. Ses dimensions, d'ailleurs, sont mesurées au nombre des

habitants, lequel est variable, et calculées de façon à ce que, en aucun cas, l'air ne s'y corrompe pendant l'hivernage. C'est avec les pieds, armés d'ongles solides, que la marmotte fouille la terre et se creuse un terrier dans des terrains de montagne nécessairement malaisés; mais ses instruments de travail sont si admirablement adaptés aux exigences, que l'œuvre avance d'ordinaire avec une merveilleuse rapidité. La bête opère de dehors en dedans; elle avance en jetant derrière elle les déblais de l'excavation.

Ce n'est pas un simple trou qu'elle pratique, ce n'est pas davantage un boyau droit ou tortueux, ce sont deux couloirs aboutissant à une chambre, ou plutôt c'est une sorte de cul-de-sac, présentant en avant deux galeries : l'une supérieure et l'autre en contre-bas, toutes deux ouvertes à l'extérieur et ayant un orifice particulier. Supposons deux branches s'écartant l'une de l'autre à la manière d'un *i* grec, Y : l'une est dirigée en bas et l'autre en haut, eu égard

Fig. 3. — La marmotte grise.

au niveau de la chambre. La branche inférieure reçoit tous les immondices et les transporte au dehors; c'est l'égout de la maison. L'autre galerie, plus élevée, est le chemin d'entrée et de sortie des habitants.

La chambre est luxueusement tapissée de mousse et de foin. Il y a là une couche épaisse, moelleuse et chaude, qui ne s'est pas faite toute seule; c'est le travail suivi de l'été, en prévision des longs jours forcément consacrés au sommeil. On assure, selon Buffon, que cela se pratique à frais ou travaux communs, et l'on décrit, à cet égard, des soins bien intelligents et bien singuliers.

Tandis que, parmi les associées, « les unes coupent les herbes les plus fines, d'autres les ramassent, et tour à tour elles servent de voiture pour les transporter au gîte. » Alors, l'une d'elles se couche sur le dos, les jambes dressées en l'air en manière de ridelles. Voilà un char tout trouvé. Les camarades le chargent ou de foin ou de mousse jusqu'en haut, puis, les unes, s'attelant à la queue en guise de timon, tirent le chargement et le conduisent à destination, pendant que les autres, se plaçant à droite et à gauche, surveillent, poussent ou soutiennent de façon à prévenir tout accident.

Les chemins ne sont pas toujours des meilleurs, le véhicule improvisé va quelque peu cahotant, et la charge pourrait chavirer. A l'arrivée, on délivre prestement la patiente. Celle-ci, nous pouvons le supposer, sans craindre de porter un jugement par trop téméraire, a besoin de se remettre de la fatigue qu'elle a essuyée pendant la route, et de la rude friction dont elle portera les traces.

Est-ce à ce trait de mœurs, ou à quelque autre semblable, que La Fontaine a emprunté l'un des arguments de sa fable : *Les deux rats, le renard et l'œuf?*

Deux rats cherchaient leur vie ; ils trouvèrent un œuf.
Le dîner suffisait à gens de cette espèce :

Il n'était pas besoin qu'ils trouvassent un bœuf.
Pleins d'appétit et d'allégresse,
Ils allaient de leur œuf manger chacun sa part,
Quand un quidam parut : c'était maître renard ;
Rencontre incommode et fâcheuse ;
Car comment sauver l'œuf? Le bien empaqueter,
Puis des pieds de devant ensemble le porter,
Ou le rouler, ou le traîner,
C'était chose impossible autant que hasardeuse.
Nécessité l'ingénieuse
Leur fournit une invention.
Comme ils pouvaient gagner leur habitation,
L'écornifleur étant à demi-quart de lieue,
L'un se mit sur le dos, prit l'œuf entre ses bras,
Puis, malgré quelques heurts et quelques mauvais pas,
L'autre le traîna par la queue.

Je reviens aux marmottes.

« C'est, à ce qu'on prétend, dit Buffon, par ce frottement, trop souvent réitéré, que les marmottes ont presque toutes le poil usé sur le dos. »

L'explication est peut-être bien un peu hasardée ; elle trouverait des incrédules que je n'en serais pas surpris outre mesure. Notre grand naturaliste ne l'a, d'ailleurs, admise ou simplement reproduite que sous bénéfice d'inventaire, car il ajoute aussitôt ceci : « On pourrait, cependant, en donner une autre raison : c'est qu'habitant sous la terre, et s'occupant sans cesse à la creuser, cela suffit à leur peler le dos. » Cette autre raison est-elle décisive? Tant d'animaux vivent à la sueur de leur front, en fouillant et creusant le sol, qui n'ont ni le dos pelé ni seulement leur fourrure endommagée! ceci pourrait encore laisser des doutes.

Quoi qu'il en soit, il faut répéter après tous nos devanciers ceci, à savoir : il est certain que, nées sociables, les marmottes se réunissent pour vivre et demeurer ensemble, certain aussi qu'elles travaillent en commun à leur habitation. Elles la soignent tout particulièrement, et cela ne saurait étonner, car elles y passent bien les trois quarts de leur existence; elles s'y retirent durant les gros temps, elles s'y abritent dès qu'il pleut et s'y cachent à la plus légère menace de danger. Elles aiment le beau temps et ne sortent guère, à l'imitation de certaines demoiselles, que lorsqu'il n'y a ni pluie, ni vent, ni poussière.

Du reste, la promenade ne les mène jamais très loin de leur cher domicile, et comme elles entendent aller et venir, s'ébattre sans trouble non motivé, celles qui prennent l'air en se récréant se reposent du soin de les avertir, en cas où il y aurait nécessité de rentrer, sur celle qui a reçu mission de faire le guet. Sentinelle vigilante, celle-ci est allée s'asseoir sur un point culminant et, pleines de confiance, en toute sécurité, les autres jouent joyeusement sur le gazon.

Même précaution au temps de la fenaison, lorsqu'il s'agit de couper l'herbe mûrie pour la convertir en foin. La sentinelle découvre-t-elle un homme, un aigle, un

Fig. 4. — Marmottes dans la montagne.

chien, un ennemi quel qu'il soit, vite elle donne le signal d'alarme, un coup de sifflet retentissant auquel toute la troupe obéit. La récréation cesse aussitôt ou bien est suspendu le travail le plus diligemment mené, et toutes rentrent au logis, sans excepter celle qui était de quart là-haut, et qui ferme disciplinairement la marche.

Les marmottes vivent bien dans la belle saison, tant que dure la vie active ; au commencement, pour se refaire du long jeûne qu'elles ont supporté; à la fin, pour se préparer par l'engraissement à l'abstinence prolongée qu'elles doivent subir.

Elles ne font pas de provisions de fourrage pour l'hiver autre que l'approvisionnement de graisse qu'une bonne alimentation a accumulée en elles. Elles ont à l'intérieur deux feuillets graisseux très épais, et puis sur le dos, sous la peau, et à la région des reins, des masses de graisse ferme et solide, assez semblables à la substance des tétines de la vache. Pour le dire en passant, elles fourniraient en ce moment à l'homme un mets passable sans être délicat, si ce n'était une odeur particulière, trop forte et que des assaisonnements même un peu raides ne réussissent que très imparfaitement à masquer ou à dominer.

En leur état d'engraissement complet, certaines adultes pèsent jusqu'à 10 kilogrammes.

Aux premières approches des froids, elles s'alanguissent : l'instinct les avertit que c'est l'heure du sommeil. Alors elles appliquent leur dernier effort à fermer les deux issues de la maison. Ce soin leur donne un certain travail, mais elles perfectionnent intelligemment cette dernière tâche de l'année si importante pour leur sécurité, tandis qu'aucune d'elles ne peut veiller sur les autres; elles l'accomplissent si bien et avec tant de solidité, qu'il est plus aisé d'ouvrir la terre partout ailleurs qu'aux endroits murés par elles.

Après les trois premiers mois de leur engourdissement, on les trouve encore grasses ; bientôt, la provision de graisse diminue et la maigreur est grande sur la fin de l'hiver.

Parfois on a découvert leur retraite tandis qu'elles dormaient paisiblement. On les trouve resserrées en boule et fourrées, tout emmitouflées dans le foin. Si l'on s'en empare, on ne les éveille pas, on ne les sort pas de la torpeur qui les a saisies ; elles ne témoignent même aucune sensibilité. On les emporte sans qu'elles aient conscience du fait, et celles qu'on tue passent de vie à trépas sans paraître le sentir. En aucune situation, on ne saurait se représenter ou voir plus profondément vraie et frappante l'image de la mort.

Les gens qui se livrent à cette chasse font un choix : ils mangent les plus grasses et réservent les plus jeunes pour l'apprivoisement. En les soumettant à une chaleur graduée avec ménagement, on les ranime comme les loirs ; comme les loirs aussi, en les tenant dans les lieux chauds, on empêche qu'elles tombent dans l'engourdissement normal, et on les conserve aussi vives, aussi alertes que dans la belle saison.

Buffon a émis des doutes sur la durée du sommeil d'hiver ; il croyait qu'il pouvait avoir des interruptions. Écoutons-le sur ce point. « Il n'est pas sûr, a-t-il écrit, que les marmottes soient toujours et constamment engourdies pendant sept ou huit mois, comme presque tous les auteurs le prétendent. Leurs terriers sont profonds ; elles y demeurent en nombre ; il doit donc s'y conserver de la chaleur dans les premiers temps, et elles y peuvent manger de l'herbe

Fig. 5. — Chasse aux marmottes.

qu'elles y ont amassée. » Je ne veux pas m'inscrire en faux contre cette opinion, mais elle est en contradiction avec cette autre exprimé par Buffon lui-même : « Les marmottes ne font pas de provisions pour l'hiver ; il semble qu'elles devinent qu'elles seraient inutiles. »

Accorderait-on les deux assertions en émettant la supposition suivante? Sans élever l'approvisionnement à la hauteur de besoins aussi grands que ceux d'une consommation quelque peu considérable, il pourrait y avoir un reste des récoltes antérieures, et ce reste serait une sorte d'en-cas pour des besoins à satisfaire quand, après des froids un peu précoces, un retour inopiné de la chaleur rend, pour quelques jours, les animaux prématurément engourdis, à l'activité des principales fonctions organiques. Le fait n'est pas impossible, et nous l'avons constaté chez les loirs.

Il paraît, au surplus, que les chasseurs sont dans l'usage de laisser les marmottes pendant trois semaines ou un mois dans leur terrier après la fermeture de leurs galeries, dans l'intention de ne pas troubler les premiers jours d'un sommeil encore incomplet peut-être. Ils s'attachent aussi à ne point fouiller les retraites par une température trop douce ou lorsque souffle un vent chaud, car alors peuvent se réveiller les bêtes et échapper en creusant plus avant sous la montagne.

On n'a point à craindre pareille déconvenue en visitant les demeures par un temps rigoureux; loin de là, on les trouve aussi fortement engourdies qu'elles puissent être, et on les emporte sans souci d'un réveil imminent.

En résumé, la marmotte s'engourdit et dort profondément sous l'influence d'une basse température, et s'éveille, selon toute apparence, aussi facilement que le loir sous l'influence d'une température opposée. La seule différence entre les deux animaux, dont l'un est plus longtemps engourdi que l'autre et ne sort plus de sa retraite, une fois venus les premiers froids jusqu'à la saison nouvelle, tient seulement, à n'en pas douter, aux différences de climat et de région. L'hiver est plus rude, plus constant, plus long aux lieux habités par la marmotte qu'à ceux où se logent les loirs.

Cet animal donne, une fois l'an, une portée de trois ou quatre petits; ces marmotins se hâtent de croître pour n'être point arrêtés par l'engourdissement qui saisit peut-être les plus jeunes et les plus âgés avant les autres.

Un dernier mot sur sa dépouille, au point de vue de la pelleterie.

En général, je l'ai dit, le pelage est d'un brun cendré, plus ou moins foncé sur le dos, plus clair et roussâtre sous le ventre. Les peaux ont de 30 à 40 centimètres de longueur.

Les marmottes de l'Amérique sont mieux fourrées et d'un poil plus beau que celles de l'Europe. Les marmottes du Kamschatka ont un pelage bigarré. On faisait autrefois des manchons avec les marmottes d'Europe; mais cette fourrure, peu recherchée aujourd'hui, n'est plus employée que pour fourrures de gants et de bonnets. Celles du Canada sont teintes en noir et en brun pour faire des bords et des collets de manteaux.

Relativement aux petites populations de l'espèce, on est encore surpris d'en rencontrer autant de variétés.

La Chasse illustrée s'est occupée de la marmotte à son point de vue spécial, celui de la chasse. Elle en a parlé avec compétence; je ne saurais mieux faire que de lui emprunter ses observations.

Fig. 6. — La marmotte en vie.

Elle mentionne à bon droit la chasse au fusil, mais ce n'est ni la plus sûre ni la plus fructueuse. Dans tous les cas, on n'entre en possession de ces animaux défiants qu'à la condition de les surprendre, ou de se créer un affût à proximité de leur demeure, d'où ils sortent pour manger, sans s'en éloigner beaucoup, au lever et un peu avant le coucher du soleil.

Le récit suivant montrera comment les choses peuvent se passer à l'occasion.

« En chassant des bartavelles, il m'est un jour arrivé de rencontrer quatre terriers de marmottes rapprochés les uns des autres, et présentant toutes les traces non équivoques de leurs habitantes.

« Je me mis de suite à construire, à une vingtaine de mètres des bouches, une muraille haute de 40 centimètres et derrière laquelle je me proposais de venir me placer à l'affût. Je me ménageai des meurtrières dans toutes les directions, et me retirai sans bruit, me promettant de revenir dès que je supposerais les marmottes suffisamment édifiées sur le compte de mon travail.

« Je revins huit jours après, et dès la pointe du jour j'étais caché derrière mon mur, attendant avec impatience l'arrivée du soleil pour me réchauffer, et avec lui celle des marmottes. Je commençais à désespérer quand d'un trou je vis sortir la tête, bientôt le corps tout entier de l'animal tant désiré; mais immédiatement il disparaissait, poussant un cri. Je me crus découvert. Il n'en était rien pourtant, car une minute après, la marmotte en question venait à dix pas de moi se débarbouiller dans la rosée et recevoir ma charge en plein travers. Quoique blessée, la pauvre bête fit pourtant si bien que lorsque j'arrivai à elle, je me trouvai en présence de la bouche du terrier au fond duquel elle avait eu la force de se traîner. Peu satisfait de mon expédition, je revins mécontent d'avoir craint de trop abîmer, par un second coup, la peau de ma victime.

« Je connais des bergers qui tuent annuellement vingt et trente marmottes en opérant d'une manière semblable, mais avec plus d'adresse et de succès.

« Le véritable chasseur de marmottes laisse de côté le fusil pour la pioche et la pelle. Dès le mois d'octobre, il surveille les bouches, en renouvelle le sable, afin de reconnaître facilement les traces, et, au mois de novembre, muni de ses instruments auxquels il joint un sac en toile, il se rend aux terriers. Son but est de les découvrir, afin d'aller y surprendre les marmottes, qui dorment du sommeil du juste.

« Le travail est dur, car la terre est alors gelée. Souvent il faut plusieurs jours pour arriver au fond des galeries, et bien souvent la place est vide.

« En revanche, il lui arrivera de trouver sept ou huit marmottes entassées les unes sur les autres. Les malheureuses se laissent prendre sans bouger; aussi sont-elles bien vite assommées et jetées au fond du sac. S'il s'en rencontre quelque jeune, on la conserve en vie pour la donner à l'enfant qui émigre, pour son tour de France. Les vieilles marmottes se plient difficilement à l'esclavage; mais, à l'occasion, elles savent user de leurs incisives.

« On recherche les marmottes pour leur graisse huileuse (une seule en produit jusqu'à 4 kilogrammes); pour leur fourrure, qui fait les délices des cochers de bonne maison; enfin, pour leur viande. Toute détestable que soit cette dernière, elle n'en est pas moins estimée des pauvres gens. »

Tenons compte aussi des jeunes, qu'emportent les petits Savoyards pour s'en faire un gagne-pain dans les pays voisins. Ce ne sont pas celles qui rendent le moins; ce ne sont pas les plus heureuses non plus, à voir comme on les torture sous prétexte de les faire danser sous les yeux de la foule.

Hélas! qu'elle le veuille ou non, il faut qu'elle entre en danse, pour recommencer un peu plus loin, ici, là, ailleurs et partout. Le marmottier a pour but d'amasser un petit pécule, toute une fortune, et il n'a pas d'autre industrie. Il montre sa marmotte, « sa marmotte en vie; » comme il dit; il la produit autant qu'il peut et en tire tout ce qu'il peut.

A la fin, après bien des efforts et bien des fatigues partagées, il retourne dans ses montagnes avec un millier de francs dans sa poche, somme considérable qu'il n'aurait ni gagnée ni économisée à faire tout autre métier. Aussi un marmottier pauvre, puisque le mot est fait, succède-t-il toujours à un marmottier *enrichi.*

Et l'instrument, que devient-il quand la fortune a souri au maître? Il retourne, lui, au réservoir commun. La marmotte nomade vit moins que ses heureuses compagnes. Peu fait pour fouler le pavé de nos cités, elle y est moins bien que là-haut, sur les points culminants que j'ai nommés, au milieu de ces pâturages situés à deux ou trois mille mètres au-dessus du niveau de la mer. Elle est triste parmi nous et vit peu. Qui pourrait en être surpris?

Quand une occasion se présente de prendre des marmottes à l'époque de l'année où elles ne dorment pas de leur sommeil, on ne la laisse pas échapper, on la saisit avec empressement, au contraire. L'homme, pressé de jouir, est un rude destructeur.

Écoutez donc cet autre récit d'une sape

Fig. 7. — Une sagne aux marmottes

aux marmottes, raconté encore par un des rédacteurs de *la Chasse illustrée*.

Je néglige, tout intéressante qu'elle est, la mise en scène de ce petit drame. Une demeure avait été découverte; on avait fait, sans plus attendre, tous les préparatifs pour y pénétrer et une bande de bergers, munis de pioches, de pelles, de leviers, de poudre de mine, était courageusement à l'ouvrage. On avait vu venir l'ennemi; la sentinelle avait donné son coup de sifflet; on était sûr de trouver la pie au nid, et on y allait de tout cœur.

« Jeannette a sifflé, » avait dit le chef de la bande; « en avant! nous la retrouverons dans sa cuisine. »

Jeannette, on le sait, est le petit nom d'amitié d'une marmotte.

Les travaux étaient menés bon train.

« Nous approchons, » reprend la voix; « je vois des herbes. »

Et une poignée de celles-ci passa de main en main; l'odeur en était forte, désagréable, caractéristique.

« Allons-y, » dit-on en chœur, et chacun de reprendre le travail, un moment suspendu.

Les uns piochent, les autres enlèvent les déblais, d'autres encore ferment avec précaution les ouvertures environnant la tranchée : tout le monde travaille avec ardeur et plein d'espérance. Quand il en est ainsi, les choses vont vite et vont bien.

Tout à coup, il y eut un moment d'indescriptible tumulte : chacun criait, sautait, tapait, avec les pieds, le manche des outils : les marmottes avaient fait une sortie, et, affolées, trottaient, tombaient, sifflaient à fendre les oreilles.

J'avais levé le manche de ma pelle pour frapper lorsque l'un des bergers me crie :

« Ne tapez pas! c'est une jeune. »

Et se jetant sur elle, il la saisit, non sans jurer, car elle l'avait mordu cruellement.

Cinq vieilles marmottes, dont deux n'avaient presque plus de poil sur le dos, trois jeunes, dont une tuée et deux captives, roulées et empaquetées dans les manches d'une veste, furent le prix de notre sape. En nous essuyant le front ruisselant de sueur, nous regagnâmes le châlet en riant des diverses péripéties du combat.

Je regrettai plus tard de n'avoir pas examiné comment est établi, dans un terrier de marmotte, ce que les bergers savoyards appellent *la cuisine;* mais ils me dirent que les deux ou trois bouches ou couloirs, dont l'un est réservé au cabinet d'aisances, et c'était de là sans doute que l'on m'avait fait passer la poignée de foin si odorant, venaient aboutir à un cul-de-sac assez spacieux : on y emmagasinait les provisions de bouche l'été, et l'hiver, il servait de dortoir, au moment de l'engourdissement, qui commence un peu après les premières gelées et varie suivant la rigueur hivernale.

Les dents des vieilles marmottes étaient jaune safran, celles des jeunes à peu près blanches; les quatre incisives sont si longues, fortes et coupantes, que je comprends le juron énergique du berger qui en sentit les atteintes. Les mâchoires portent en tout vingt-deux dents, quatre incisives, et dix-huit mâchelières. La mâchoire supérieure en compte cinq de chaque côté des incisives, et l'inférieure seulement quatre de chaque côté.

Les bergers dépouillèrent les marmottes comme on fait d'un lièvre, en mirent deux à bouillir dans la marmite, mais je n'eus pas assez de valeur pour donner plus d'un coup de dent à cette viande, d'un goût tellement répugnant que l'estomac en tressaute rien qu'en y pensant.

Les deux jeunes ne restèrent que vingt-quatre heures sans manger, et le lendemain une pâtée de lait et de pommes de terre disparaissait du tonnelet défoncé où on les avait mises, comme si elles eussent été toute leur vie en captivité.

Que sont-elles devenues? Je ne sais, mais j'y pense de temps en temps, et quand je vois sortir, de dessous la veste de l'un de ces pauvres enfants des montagnes, une petite tête à l'œil craintif et à la lèvre fendue, je me demande si je ne suis pas l'auteur des misères que souffre la pauvre Jeannette.

LE CHINCHILLA.

Nous voici en face d'un étranger, d'un indigène des montagnes du Pérou et du Chili.

De ces contrées vient en Europe sa fourrure élégante et douce par voie de Buénos-Ayres ou de Lima, après avoir été, à Valparaiso et à Santiago, de la part des expéditeurs, l'objet d'une recherche active et disputée. Bien connue et très estimée est la fourrure en notre pays, mais on y connaît à peine le petit animal qui la porte et qui a fort à souffrir chez lui du prix qu'on attache à sa dépouille.

Un peu plus petit que notre lapin de garenne, très voisin, par la taille et par la forme, de l'écureuil commun, le chinchilla touche aux animaux de la famille des léporinés par l'aspect et par les mœurs.

Comme le lapin, il vit dans des terriers qu'il creuse lui-même; il est sociable et timide, se laisse prendre et caresser sans résistance. D'une grande propreté, il n'exhale aucune mauvaise odeur; il pourrait habiter nos maisons sans y causer d'ennui; il se nourrit des mêmes aliments que le lapin sans les gâcher comme ce dernier, et donne cette précieuse fourrure dont j'ai parlé. On ne dit pas ce que vaut sa chair, mais son régime, exclusivement végétal, laisse à penser qu'elle ne peut être mauvaise.

Réunissant tous ces avantages, on se demande comment on n'a point tenté d'acclimater et de domestiquer cette petite espèce. Elle m'inspire plus d'intérêt que plusieurs autres, dont on s'est occupé à ce

Fig. 8. — Le chinchilla du Chili.

point de vue, sans motif aussi sérieux de leur prêter attention.

Le chinchilla a la mine éveillée, la physionomie avenante. Il est coiffé de grandes et larges oreilles, rondes et presque nues, qui alourdissent un peu la tête; il porte fièrement ses longues moustaches touffues et soyeuses, qui n'ont rien de bien terrible.

Les membres antérieurs sont de moitié moins longs que les autres, les pattes sont minces avec cinq doigts en avant, quatre en arrière; les doigts sont revêtus de poils courts et serrés qui cachent en partie les ongles; ceux-ci sont petits, mais solides et résistants. La queue est relativement longue, couverte de poils abondants; la corpulence s'accuse, il n'y a rien ici du fin corsage, de la sveltité de l'écureuil. C'est tout simple, celui-ci vit presque dans les airs et le chinchilla passe sa vie sous terre. Le côté saillant et vraiment remarquable du signalement de la petite bête, c'est le pelage dont la douceur est extrême et, sous ce rapport, je le crois, à nul autre pareil.

J'ai dit un mot qui pourrait nuire à mon

petit ami; j'y reviens. Sans être élancé ou svelte à la façon de l'écureuil, le chinchilla n'est point un lourdaud. Loin de là, il est très vif dans ses mouvements, très leste dans ses allures; il court avec agilité, et d'un seul bond atteint le dessus d'une table ordinaire. Je ne lui fais aucun tort, néanmoins, en ne le comparant pas à l'écureuil, qui, lui, est presque un oiseau.

D'humeur sociable et bienveillante, les chinchillas deviennent des modèles de tendresse et d'affection conjugale.

Sans leur fourrure, on n'aurait peut-être jamais parlé des chinchillas en Europe, où sont venus vivants les premiers individus de ce peuple paisible, il y a une trentaine d'années à peine; mais leur fécondité est assez active pour que, dans la mère patrie, on ait été heureux d'avoir à leur livrer une guerre d'extermination, sous prétexte d'intérêt commercial. Si inoffensif que soit un animal, il devient une gêne, une source de graves inconvénients dès que sa postérité déborde. C'est le fait général, le chinchilla n'échappe pas à la loi universelle.

On dit effectivement que, en certains points des Andes du Chili, parfois il s'est multiplié à un point tel que ses nombreuses galeries souterraines, s'effondrant sous le poids des transports, ajoutaient beaucoup aux difficultés déjà si grandes des chemins. Ceci ne surprendrait que les gens ignorant la façon dont le lapin laboure chez nous certaines contrées, lorsque rien ne fait obstacle à l'accroissement de l'espèce.

La nécessité de contenir en des limites rationnelles des générations douées d'une force expansive si considérable et plus encore le stimulant d'une recherche aussi active à l'intérieur qu'en vue de l'exportation lointaine, ont appris de bonne heure à donner fructueusement la chasse aux chinchillas.

On y emploie des chiens spécialement dressés à les prendre sans endommager le pelage. Les chiens ont compris et remplissent intelligemment une tâche qui a ses exigences et ses délicatesses.

Fig. 9. — Le chinchilla de Russie.

Pauvres bêtes! en tout, partout et toujours, vous les voyez les serviteurs dociles, faciles et fidèles de l'homme. On les met à tout, ils ne répugnent à rien, et font toutes choses au mieux des intérêts du maître. Dans le cas dont il s'agit, ces zélés et fervents auxiliaires savent si bien leur métier que bien souvent ils sont, dans la chasse aux chinchillas, simplement accompagnés par des enfants, chargés de recueillir le produit du travail des chasseurs.

Le précieux pelage est d'un beau gris de perle, de nuance suave, ondulé de blanc sur les parties supérieures du corps et d'un gris très clair en dessous, d'une finesse et d'une douceur dont on ne se fait une idée juste qu'en le touchant. La queue est terminée de brun.

La peau préparée se porte, disait un ancien médecin, comme une chose exquise et salutaire pour échauffer l'estomac et les régions qui ont besoin de rester sous l'influence d'une chaleur douce et modérée.

Au temps des Incas, les Péruviens tiraient un autre parti de la toison : ils tissaient le poil des chinchillas pour en faire des étoffes et surtout de chaudes couvertures pour les lits. Depuis longtemps cet usage est complètement abandonné; on a trouvé plus d'avantages à exporter les peaux en Europe.

Fort à la mode chez nous autrefois, la fourrure du chinchilla y est beaucoup

Fig. 10. — La viscache.

moins recherchée aujourd'hui, mais elle est encore très en honneur en Angleterre, où le commerce de la pelleterie vend de 4 à 5,000 peaux par an; elles sont expédiées sans queue, sans pattes, sans oreilles, sans tête. C'est une étrangeté; c'est aussi un moyen, dans le commerce, de rendre plus facile la substitution de la fourrure d'un autre animal, la *viscache* qui habite l'Amérique méridionale.

La peau de celle-ci est plus grande, mais la fourrure est moins belle en couleur et moins fine; elle vaut moins. On ne la reconnaîtrait d'une manière certaine que par les oreilles qui sont arrondies et la queue plus courte; or, ces parties manquent à la peau. C'est un motif pour y regarder de plus près.

Si l'on dit juste, les femelles n'ont que deux portées par an, et chacune d'elles est de trois ou quatre petits seulement. Bonnes mères, elles ont grand soin de leurs nourrissons, qu'elles élèvent doucement et qu'elles apprennent à vivre en s'aimant les uns les autres.

A ce degré restreint de fécondité, eu égard à l'activité de la chasse qu'on livre à l'espèce, il semble peu croyable que les existences puissent devenir gênantes. Ce qu'on a rapporté à ce sujet avait sûrement été observé sur des points où la recherche était malaisée, car d'autre part on a pu constater des résultats fort opposés. Effectivement, pendant la grande mode de ces fourrures en Europe, le chiffre de celles qu'on exportait annuellement était si considérable que les autorités chiliennes ont dû prendre des mesures pour éviter la destruction trop rapide ou complète de l'espèce.

Schmidt-Meyer, dans son *Voyage au Chili et aux Andes*, publié en 1824, rapportait déjà que l'usage immodéré de la fourrure du chinchilla menaçait sérieusement l'existence de la race. La contre-partie de cette déclaration se trouve dans la constatation d'un chiffre : de 1828 à 1832, il s'est vendu à Londres 18,000 peaux de chinchillas. Depuis cette époque, l'importance de ce commerce paraît avoir notablement faibli. Il en est de même avec toutes les autres parties de l'Europe.

Les guerres d'extermination aboutissent toutes au même résultat. Il faut modérer le chasseur lorsque l'existence du gibier se trouve menacée par une recherche trop active, conduisant à une destruction trop générale ou trop large.

FIN.

www.ingramcontent.com/pod-product-compliance
Ingram Content Group UK Ltd.
Pitfield, Milton Keynes, MK11 3LW, UK
UKHW020330220726
13923UKWH00003B/1475